Mostafa Mourad

Sistema de seguimento solar utilizando SCADA e PLC

Mostafa Mourad

Sistema de seguimento solar utilizando SCADA e PLC

ScienciaScripts

Imprint
Any brand names and product names mentioned in this book are subject to trademark, brand or patent protection and are trademarks or registered trademarks of their respective holders. The use of brand names, product names, common names, trade names, product descriptions etc. even without a particular marking in this work is in no way to be construed to mean that such names may be regarded as unrestricted in respect of trademark and brand protection legislation and could thus be used by anyone.

Cover image: www.ingimage.com

This book is a translation from the original published under ISBN 978-3-659-90638-1.

Publisher:
Sciencia Scripts
is a trademark of
Dodo Books Indian Ocean Ltd. and OmniScriptum S.R.L publishing group

120 High Road, East Finchley, London, N2 9ED, United Kingdom
Str. Armeneasca 28/1, office 1, Chisinau MD-2012, Republic of Moldova, Europe
Managing Directors: Ieva Konstantinova, Victoria Ursu
info@omniscriptum.com

Printed at: see last page
ISBN: 978-620-2-76691-3

Índice

Lista de abreviaturas

PLC	Programmable Logic Controller
FPGA	Field Programmable Gated Array
LD	Ladder Diagram
SFC	Sequential Function Charts
BL	Boolean language
SCADA	Supervisory, Control and Data Acquisition
PAN	Personal Area Networks
WPAN	Wireless Personal Area Networks
DC	Direct Current
AC	Alternating Current
GHI	Global Horizontal Irradiance
DNI	Direct Normal Irradiance
DIF	Diffuse Horizontal Irradiance
DAQ	Data Acquisition
RTU	Remote Terminal Unit
MTU	Maximum transmission Unit
TCP/IP	Transmission Control Protocol/Internet Protocol

Resumo

A escassez de energia é um dos problemas mais importantes do mundo atual. Os recursos energéticos convencionais são limitados e são também uma das principais razões para a degradação ambiental. A energia solar está a crescer muito rapidamente como um meio importante de expandir as utilizações de energias renováveis.

São aplicados diferentes mecanismos para aumentar a eficiência das células solares, a fim de reduzir o custo e aumentar a potência proveniente das células. O sistema de seguimento solar é uma das tecnologias importantes e em crescimento utilizadas para aumentar a eficiência das células solares.

Os sistemas de seguimento solar foram desenvolvidos para aumentar a energia recolhida pelos painéis, mantendo a capacidade instalada, e há uma procura crescente da sua implementação devido à sua grande melhoria para o sistema solar e porque fornecem soluções para muitos problemas que podem impedir a instalação do sistema solar em muitos casos.

Existem diferentes tipos de sistemas de seguimento solar e respectivos controladores. Neste projeto, o seguidor é basicamente um dispositivo mecânico constituído por um motor que se move de acordo com o comando do controlador para seguir a direção do sol com base no ajuste de temporizadores, uma vez que o movimento do sol é previsível e bem conhecido. A principal função do sistema de seguimento solar é colocar os painéis numa posição em que a luz do sol seja sempre perpendicular aos painéis. Os sistemas de seguimento solar fornecem a potência máxima dos painéis durante todo o dia e não apenas uma vez por dia ao meio-dia.

O sistema de controlo utilizado é um Controlador Lógico Programável (PLC) e um sistema de Supervisão, Controlo e Aquisição de Dados (SCADA).

Um estudo completo, conceção, análise teórica, investigação de um seguidor solar e a sua implementação são apresentados neste projeto com todos os detalhes necessários.

Capítulo 1

Introdução

A energia solar é um dos recursos energéticos renováveis mais promissores, caracterizado principalmente por um enorme potencial de conversão em energia eléctrica. A radiação solar é convertida em energia eléctrica por efeito fotovoltaico e esta é uma tecnologia muito boa, uma vez que é fiável, limpa e com custos de manutenção muito reduzidos. A eficiência de conversão de energia de uma célula solar é a percentagem de energia convertida da luz absorvida em energia eléctrica.

O sol é uma das fontes de eletricidade mais baratas em algumas zonas quentes, uma vez que é utilizado para produzir eletricidade em vez de geradores de eletricidade. O rendimento das células solares depende da intensidade da luz solar e do ângulo de incidência da luz solar sobre os painéis. E se o painel solar permanecer em frente ao sol durante todo o dia, obterá a eficiência máxima necessária.

Fig. (1) Painéis solares fotovoltaicos

A energia solar é mais barata do que antes e tornar-se-á cada vez mais barata nos próximos dias devido às novas investigações, às melhorias da indústria e à produção em massa dos componentes. No final de 2009, foram instalados em todo o mundo sistemas fotovoltaicos com uma capacidade nominal de cerca de 20 000 MW.

Muitos países estão a tomar medidas sérias no sentido de investir nas energias renováveis e de encorajar o sector privado e também os cidadãos a utilizarem as energias renováveis. Por exemplo, na Alemanha, a razão para o crescimento deste sector é a Lei das Energias Renováveis (EEG), que garante taxas fixas para a energia solar fornecida.

O Egito está a levar muito a sério a questão das energias renováveis. A falta de fornecimento de eletricidade durante o verão de 2014 afectou gravemente todos os cidadãos na sua vida normal e também afectou gravemente o sector industrial. O governo egípcio anunciou um programa para adotar fontes de energia renováveis e foram implementadas novas leis para incentivar o sector privado a investir neste domínio.

1.1 Sistemas de seguimento solar

Um seguidor solar é considerado um dispositivo no qual são montados painéis solares e que segue o movimento do sol através do céu durante o dia. A maior potência provém dos painéis fotovoltaicos quando os painéis estão perpendiculares à luz solar e isto acontece apenas uma vez durante o dia na instalação de painéis fixos.

Os sistemas de seguimento solar asseguram que a quantidade máxima de luz solar atinge perpendicularmente o painel fotovoltaico durante todo o dia. Navegará pelo melhor ângulo de luz proveniente do sol e orientará os painéis fotovoltaicos nessa direção.

Uma das utilizações do sistema de seguimento do sol é que orienta os painéis fotovoltaicos em direção ao sol e também pode ajudar a maximizar o investimento no sistema fotovoltaico. E uma das vantagens deste sistema é que a posição do sol no céu muda gradualmente ao longo do dia e ao longo do ano também, e este é o principal objetivo do seguimento desde o início, que é seguir o movimento do sol o tempo todo.

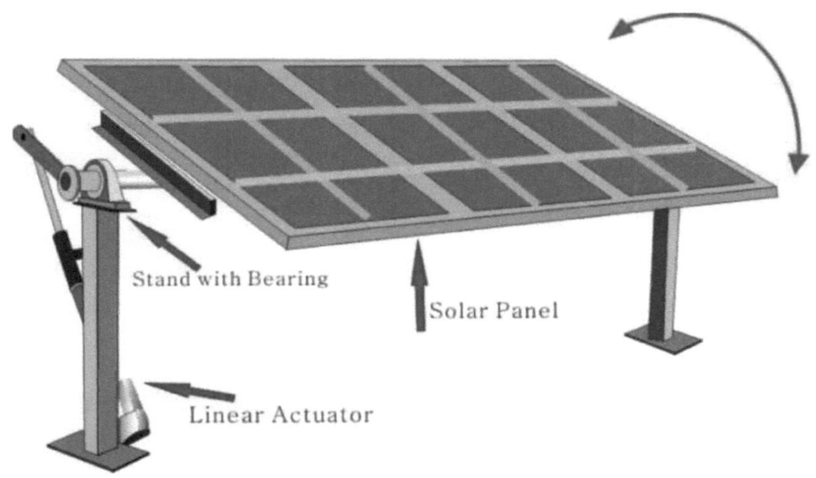

Fig. (2) Sistema de seguimento do sol

Para além disso, as vantagens dependerão da sua colocação para determinar a eficácia dos painéis. No entanto, podem ser utilizados em zonas com horizontes baixos.

Objetivo:

1.2 Razões para utilizar um sistema de seguimento solar

- A eficiência dos painéis fotovoltaicos aumenta em 30-40%

- O espaço necessário para um sistema solar é reduzido e mantém a mesma potência.

- O peso dos painéis será reduzido devido à redução do número de painéis, o que abre novos locais de instalação.

- O custo de instalação é menor devido ao facto de instalar menos painéis.

- O tempo de instalação é menor devido à instalação de menos painéis.

- Um bom seguidor solar pode levar a um aumento da capacidade de produção de eletricidade de 30-50%

1.3 Controlo do sistema de seguimento solar

Podem ser aplicados diferentes sistemas de controlo de forma a garantir o posicionamento exato dos painéis e o movimento preciso dos mesmos. Neste projeto optou-se por implementar o mais fiável controlador industrial (Programmable Logic Controller - PLC) realizado com um avançado sistema de controlo e monitorização remota (Supervisory, Control And Data Acquisition - SCADA) de forma a ultrapassar o principal problema que os sistemas de seguimento solar enfrentam que é a necessidade de ajuste periódico devido à contínua mudança na localização do sol no céu devido ao movimento da Terra em torno do sol numa órbita eclítica[8].

A utilização destas tecnologias permite a monitorização e o controlo remotos do sistema de seguimento solar e dá a possibilidade de modificar o programa PLC de funcionamento remotamente a partir do centro de controlo, de acordo com as alterações contínuas no movimento do sol.

1.4 Vantagens da utilização do sistema de seguimento solar

• Aumentar a eficiência da produção de energia dos painéis solares fotovoltaicos na fase de instalação do sistema solar.

• Diminuição do número de painéis fotovoltaicos necessários para a instalação em qualquer sistema solar.

• Diminuir a área necessária para a instalação e o peso dos painéis solares utilizados nos sistemas solares.

Diminuição do tempo de instalação necessário para a implementação de um sistema solar.

• Implementação de componentes de controlo industrial (PLC) e de sistemas de supervisão (SCADA) fiáveis, que podem ser operados e reparados por muitos engenheiros.

• Ultrapassar os problemas enfrentados com os sistemas de localização baseados em sensores e a necessidade de sistemas de localização com temporizadores para ajuste contínuo.

• Implementação de um controlo de retorno em circuito fechado para assegurar o funcionamento perfeito do sistema de seguimento.

• Proporcionando ao operador a possibilidade de ajustar, monitorizar e controlar o sistema de localização remotamente a partir de locais distantes.

• O objetivo global é encorajar o sector privado e os cidadãos a implementar sistemas solares com sistemas de rastreio no Egito, a fim de fornecer uma solução de energia renovável para o problema da escassez de eletricidade no país.

Capítulo 2

Revisões da literatura

2.1 Painel solar:

Um painel solar é composto por células fotovoltaicas mais pequenas. O termo fotovoltaico vem de uma combinação do grego antigo "Phos", que significa luz, e "volt", nomeado em homenagem a Alessandro Volta, um físico italiano conhecido pelo seu trabalho pioneiro em eletricidade.

O silício, que é um elemento da tabela periódica, é o material semicondutor típico de uma célula fotovoltaica. Um semicondutor tem propriedades semelhantes às de um condutor elétrico (como um metal) a altas temperaturas, enquanto que a baixas temperaturas assume as propriedades de menor condutividade de um isolador. O silício é o elemento mais comummente utilizado como semicondutor e é tipicamente empregue em circuitos electrónicos. A matéria-prima do silício é a areia, disponível em todo o mundo sem qualquer custo. Um átomo de silício típico tem 14 electrões (partículas com carga negativa) e estes estão dispostos em três camadas diferentes. A sua camada exterior está meio cheia com quatro electrões. No entanto, como os átomos tentam sempre encher as suas camadas de electrões para encontrar estabilidade, um átomo de silício típico partilha normalmente electrões com outros quatro átomos de silício, preenchendo assim o campo de electrões e criando uma molécula de silício cristalina.

A criação de eletricidade a partir da luz solar envolve a reação que os átomos sofrem quando são expostos à energia, neste caso os fotões de luz provenientes do sol. Quando a molécula de silício absorve energia suficiente, acaba por deslocar um eletrão. Este eletrão fica então livre para flutuar com a sua carga negativa até encontrar outro lugar para pousar.

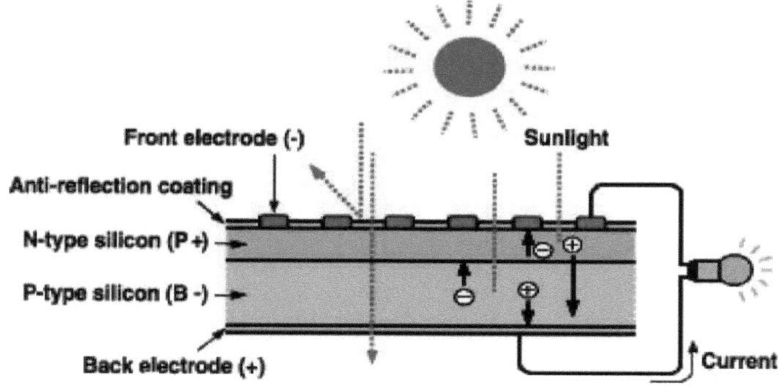

Fig (3). Efeito da luz solar no painel solar

2.2 Tipos de painéis solares:

Existem 2 tipos principais de painéis solares:

1.2.1 Painéis monocristalinos

As células solares nos painéis monocristalinos são fatias cortadas a partir de barras de silício cristalino puro estirado. Toda a célula está alinhada numa direção, o que significa que, quando o sol brilha intensamente sobre elas no ângulo correto, são extremamente eficientes. Assim, estes painéis funcionam melhor sob luz solar intensa, com o sol a brilhar diretamente sobre eles. Têm uma cor uniforme mais preta porque absorvem a maior parte da luz.

As células puras são octogonais, pelo que existe um espaço não utilizado nos cantos quando muitas células são transformadas num módulo solar. Os painéis mono são ligeiramente mais pequenos do que os painéis poli para a mesma potência, mas este facto só é percetível nas instalações à escala industrial, onde pode ser possível obter uma potência mais elevada com monocristalinos.

O custo de produção de bolachas de silício puro é um pouco mais elevado do que o custo das células policristalinas, mas, em geral, não há grande diferença de preço atualmente.

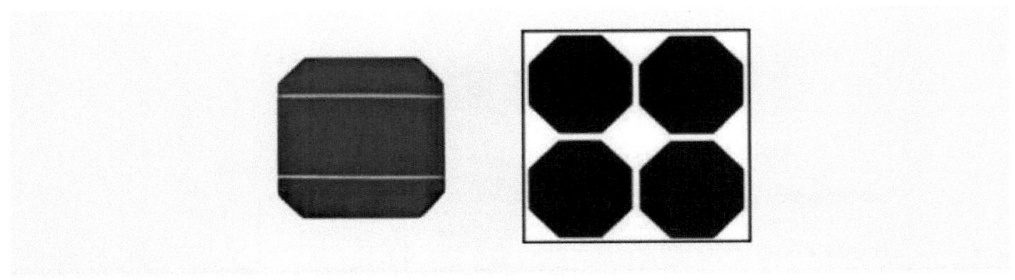

Fig (4). Painel monocristalino

Vantagens dos painéis solares monocristalinos

1. Longevidade:

Os painéis solares monocristalinos são a primeira geração de tecnologia solar e comprovam a sua durabilidade e longevidade. A tecnologia, a instalação e as questões de desempenho são totalmente compreendidas. Vários módulos instalados na década de 1970 ainda hoje produzem eletricidade.

2. Eficiência:

Os painéis fotovoltaicos fabricados a partir de células solares monocristalinas são capazes de converter a maior quantidade de energia solar em eletricidade de qualquer tipo de painel solar plano

3. Custos mais baixos:

O custo dos painéis solares representa cerca de 60% do custo de um sistema de energia solar totalmente instalado, sendo a instalação um componente de custo significativo.

4. Maior resistência ao calor:

Os módulos solares monocristalinos sofrem uma redução da produção quando a temperatura da luz solar atinge cerca de 50 graus Celsius/cento e quinze graus Fahrenheit. São de esperar reduções entre 12 e 15 %. Esta perda de eficiência é inferior à registada pelos proprietários de painéis fotovoltaicos fabricados com células policristalinas.

5. Energia incorporada

Embora os painéis solares de película fina ofereçam um nível mais baixo de energia incorporada por painel, o facto de serem necessários mais painéis anula um pouco

este aspeto, especialmente tendo em conta as calhas de montagem adicionais por vezes necessárias. A energia incorporada refere-se à quantidade de energia necessária para fornecer um produto e fabricá-lo.

<u>Desvantagens:</u>

1. Custo inicial

Uma vez que os painéis fotovoltaicos são fabricados a partir de cristais de silício de célula única, o processo de fabrico é um dos mais complexos e dispendiosos que existem. Uma boa matéria-prima de silício é cara e o custo de fabrico de um único cristal puro é moroso e, por conseguinte, dispendioso, pelo que os painéis fotovoltaicos de células solares monocristalinas custam geralmente mais por painel do que as tecnologias fotovoltaicas concorrentes.

2. Frágil:

Os painéis solares podem ser partidos por ramos de árvores ou por objectos que são transportados por um vento forte.

Fig (5). Célula solar monocristalina

2.2.2 Painéis policristalinos

Os painéis policristalinos são feitos a partir de pedaços de silício, moldados para formar blocos e criar uma célula composta por muitos pedaços de cristal puro. Como os cristais individuais não estão necessariamente todos perfeitamente alinhados entre si e há perdas nas juntas entre eles, não são eficientes. No entanto, este desalinhamento pode ajudar, porque as células funcionam melhor com luz em todos os ângulos, com pouca luz, etc. Por esta razão, eu diria que a policristalina é ligeiramente mais adequada para as condições mais sombrias do Reino Unido, mas a diferença será marginal.

O aspeto também é diferente - é possível ver a disposição aleatória dos cristais e os painéis parecem um pouco mais azuis porque reflectem alguma luz.

Como são cortados em blocos rectangulares, haverá muito pouco espaço desperdiçado no painel e não se vêem os pequenos diamantes típicos dos painéis mono ou híbridos. Algumas pessoas preferem este aspeto mais uniforme, mas outras gostam de diamantes. A escolha é sua, uma vez que o tamanho total e o custo são, de facto, muito semelhantes aos dos monocristalinos.

Fig (6). Painel policristalino

Vantagens dos painéis solares policristalinos:

1. Custos mais baixos por painel

São mais simples de produzir e o seu custo de fabrico é muito inferior. Isto torna-os menos dispendiosos para os compradores, especialmente os que têm telhados de pequena e média dimensão.

2. Durabilidade e longevidade

A longevidade e a durabilidade são comparáveis às dos seus primos monocristalinos, ou seja, pelo menos vinte e cinco anos. Os módulos de painéis solares policristalinos poderão colocar a energia solar nas mãos de pessoas que não têm possibilidade de comprar as células policristalinas.

3. Melhorias ambientais

Para além de poderem produzir energia a partir do sol, contribuindo assim para reduzir os gases com efeito de estufa e os problemas ambientais associados à extração de combustíveis fósseis.

4. Contas de eletricidade mais baixas

Qualquer sistema solar resultará numa fatura de eletricidade mais baixa, embora a quantidade de eletricidade produzida por um painel solar policristalino seja inferior à de um painel monocristalino.

Desvantagens:
1. Menor eficiência

A eficiência dos módulos solares policristalinos é inferior à de um único cristal.

2. Frágil

Os painéis solares policristalinos são um pouco frágeis e podem partir-se se forem atingidos por um ramo em queda ou por um objeto pesado que voe com um vento forte.

3. Competitivo

Existe uma concorrência de preços muito forte entre os fabricantes de policristalinos, o que pode ser positivo.

Capítulo 3

Fig (7). Painel policristalino

2.3 Irradiância horizontal global:

A radiação que atinge a superfície terrestre pode ser representada de várias formas diferentes. A Irradiância Global Horizontal (GHI) é a quantidade total de radiação de ondas curtas recebida de cima por uma superfície horizontal ao solo. Este valor é de particular interesse para as instalações fotovoltaicas e inclui tanto a Irradiância Normal Direta (DNI) como a Irradiância Horizontal Difusa (DIF). A DNI é a radiação solar que vem em linha reta da direção do sol na sua posição atual no céu. A DIF é a radiação solar que não chega em linha direta do sol, mas que foi espalhada por moléculas e partículas na atmosfera e vem igualmente de todas as direcções [8].

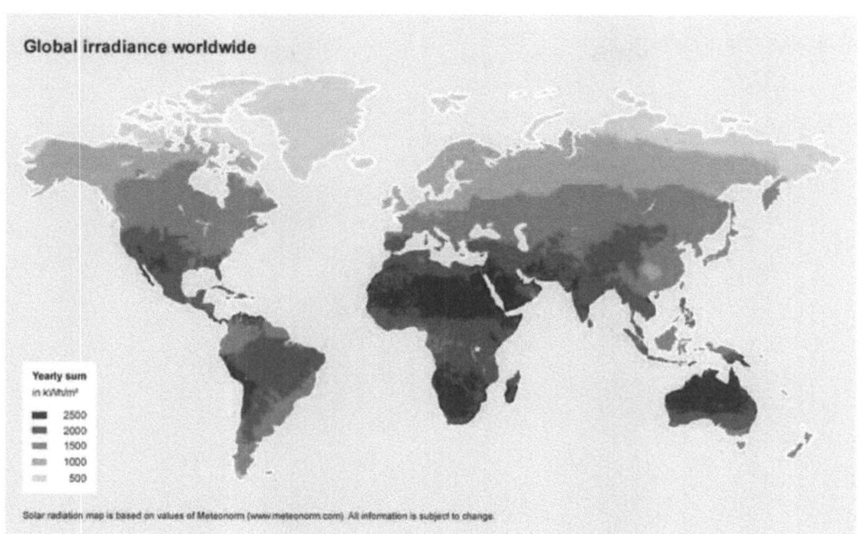

Fig (8). Ir-radiância horizontal global em todo o mundo

2.3.1 Irradiância normal direta do Egito:

O Egito está geograficamente localizado entre as latitudes 22 e 31,5 no norte. O Egito é considerado o coração do Sunbelt global, pelo que podemos dizer que o Egito é um dos países mais ricos em energia solar. Além disso, o número de horas de irradiação solar ultrapassa as 4000 horas anuais, sendo estes números os mais elevados do mundo. O número médio anual de horas de irradiação solar por dia varia entre 9 horas e quase 11 horas no deserto do Sul do Egito, e as horas de irradiação solar ultrapassam as 3600 horas em muitas zonas do Egito[9].

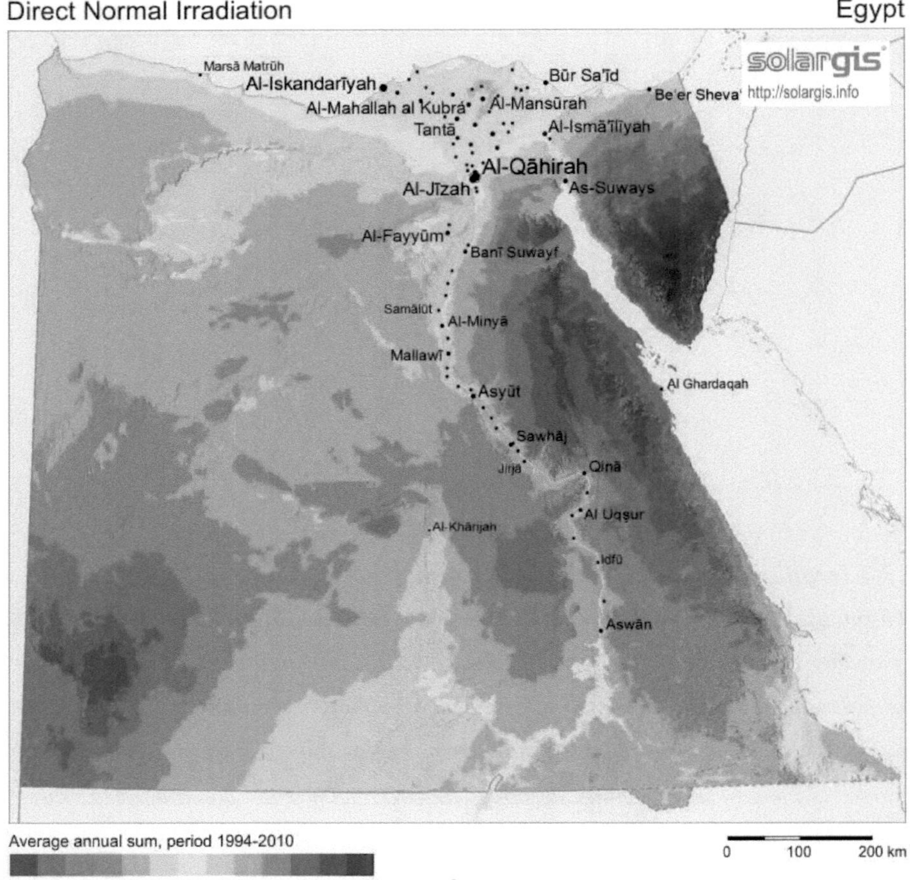

Fig (9). Irradiação direta normal do Egito

Capítulo 4

*2.4 **Sistema de seguimento do sol**:*

A potência de saída das células solares fotovoltaicas depende da intensidade da luz solar e do ângulo de incidência da luz. Isto significa que, para obter a máxima eficiência, os painéis solares devem estar numa posição perpendicular em frente ao sol durante todo o dia. Mas, devido à rotação da Terra em torno de si própria, esses painéis não conseguem manter a sua posição sempre em frente ao Sol. Este problema resulta numa diminuição da eficiência dos painéis. Assim, para obter o máximo rendimento dos painéis, é necessário um sistema automatizado que deve ser capaz de orientar constantemente os painéis solares e mantê-los na melhor posição (perpendicular) em frente ao feixe solar.

2.4.1 Vantagens dos sistemas de seguimento solar:

* *A eficiência dos painéis fotovoltaicos aumenta em 30-40%*

* *O espaço necessário para um sistema solar é reduzido e mantém a mesma potência.*

* *O peso dos painéis será reduzido devido à redução do número de painéis, o que abre novos locais de instalação.*

* *O custo de instalação é menor devido ao facto de instalar menos painéis.*

* *O tempo de instalação é menor devido à instalação de menos painéis.*

* *A rendibilidade do investimento no tempo é reduzida.*

* *Um seguidor solar pode levar a um aumento de 30-50% na produção de eletricidade.*

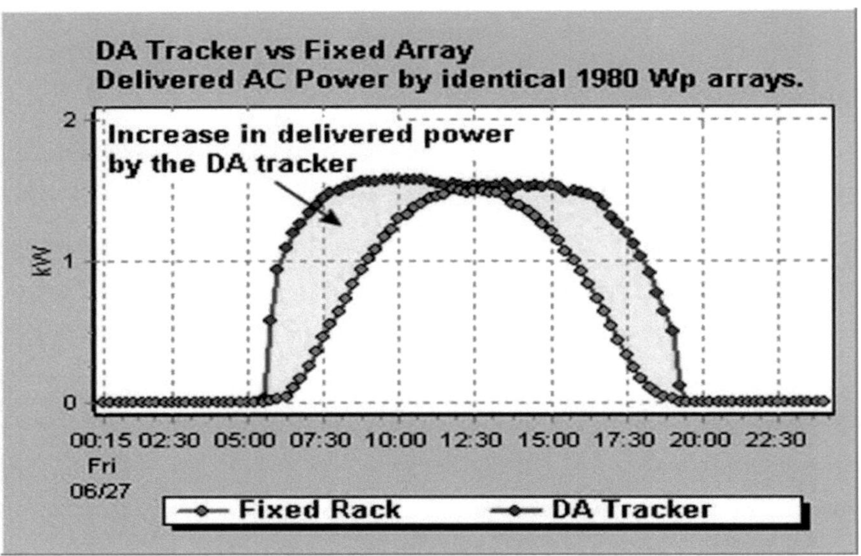

Fig. (10). Aumento de potência por um sistema de seguimento solar

2.4.2 Tipos de sistemas de seguimento solar

Os sistemas de seguimento solar podem ser classificados da seguinte forma:

Sistemas de seguimento solar

Seguimento passivo   **Seguimento ativo**

Sensores

Temporizadores

Sistemas de localização passiva:

É utilizado um fluido de gás comprimido de ponto de ebulição mais baixo que se move para um lado ou para o outro (pelo calor solar que cria pressão de gás no painel) para fazer com que o seguidor se mova em resposta a um desequilíbrio do gás, alimentado por um material de equilíbrio, normalmente Freon, de modo que os painéis giram à medida que o vapor se desloca de um lado para o outro.

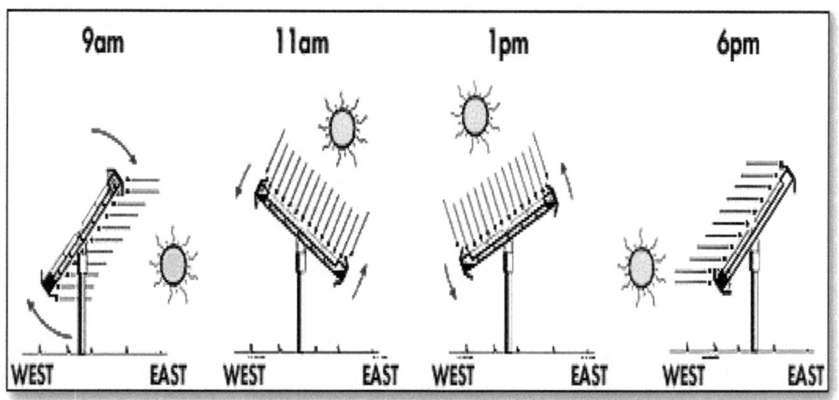

Fig. (11) Sistema de seguimento passivo

Vantagens

- *Não são instaladas quaisquer peças eléctricas, o que diminui os pontos de falha*
- *Conceção e funcionamento simples*
- *Custo competitivo em relação aos suportes fixos*

Desvantagens

- *Acordar de manhã*
- *Lento a reagir*
- *Má eficiência em tempo frio*
- *Mais caro para enviar*
- *Propenso a rajadas de vento*

Sistemas de localização ativa:

Os sistemas de rastreio ativo dependem de um sistema elétrico individual instalado nos painéis para orientar a sua direção de modo a ficarem perpendiculares ao feixe solar e, normalmente, utilizam energia CC diretamente dos painéis.

Os principais tipos de sistemas de rastreio ativo são

1. Sensor ótico de luz

Utilização de vários sensores para definir o melhor ângulo em relação à luz solar

2. Temporizador

Utilizar temporizadores para seguir a localização predeterminada do sol devido ao movimento periódico fixo da Terra em torno de si própria e também em torno do sol.

Vantagens

- *Precisão e exatidão*
- *Regressar à posição do nascer do sol para começar mais cedo*
- *Ignorar o efeito da temperatura*
- *Enviado em partes*

Desvantagens

- *Sensível aos raios*
- *Custo inicial mais elevado*
- *Utiliza eletricidade, mas apenas cerca de 5 watts por dia*

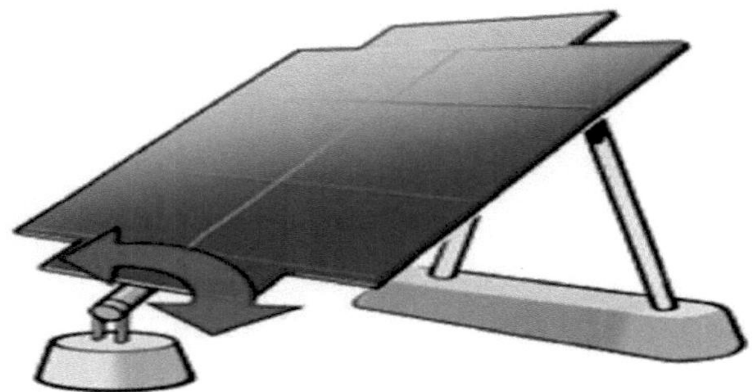

Fig. (12). Sistema de seguimento solar ativo

No nosso projeto, preferimos trabalhar com a técnica de seguimento solar ativo dos temporizadores porque é melhor e tem muitas vantagens sobre os sensores, especialmente no Egito.

Os sensores estão sujeitos a uma diminuição da eficiência ao longo do tempo e podem ser afectados por uma intensidade de luz elevada, sendo também afectados pelas condições meteorológicas e ambientais, especialmente no ambiente local do Egito, onde existe um elevado nível de poeira no ar devido à poluição e onde as zonas arenosas têm muitas partículas de areia no ar, o que diminui a eficiência e afecta o funcionamento dos sensores.

Além disso, a posição perpendicular do Sol no céu é muito bem determinada, uma vez que a rota da Terra em torno do Sol e o processo de rotação da Terra em torno de si mesma são fixos ao longo dos mesmos dias e horas do ano.

Os temporizadores necessitam apenas de um ajuste fino para que os ângulos sejam alterados de uma semana para outra ou talvez de um mês para outro; isto é fácil de fazer num sistema PLC com ligação remota semelhante ao sistema proposto.

Capítulo 5

2.5 Controlador Lógico Programável (PLC)

2.5.1 Definição de PLC

PLC é um "Programmable Logic Controller" (Controlador Lógico Programável). O PLC é um dispositivo da família dos computadores que utiliza "circuitos integrados em vez de dispositivos electromecânicos para implementar funções de controlo". Os PLCs são frequentemente utilizados nas "indústrias de automação e eletromecânica" [4]. Este sistema é utilizado em linhas de montagem de fábricas e outras tarefas do género. O PLC está também concebido para processar muitas funções de entrada e saída e tem uma "gama de temperaturas alargada" e é resistente a vibrações e a qualquer ruído proveniente de uma fonte eléctrica.

De acordo com a National Electrical Manufacturers' Association, "um PLC é um dispositivo eletrónico digital que utiliza uma memória programável para implementar funções específicas como a lógica, a sequência, a contagem, a temporização e a aritmética para controlar máquinas e processos" e para armazenar instruções também...[3]

Antes dos PLCs, os processos de fabrico automáticos tinham de ser controlados através de dispositivos de hardware, tais como cames rotativas em tornos.

No entanto, em meados da década de 1970, os avanços na microeletrónica fizeram uma revolução no controlo industrial. O controlador eletrónico programável substituiu os sistemas eléctricos baseados em relés e com fios.

Os primeiros sistemas PLC evoluíram a partir de computadores convencionais em meados dos anos 70 e foram frequentemente utilizados na indústria automóvel.

Os controladores lógicos programáveis são atualmente os dispositivos electrónicos mais utilizados no controlo dos processos de produção e montagem na maioria das fábricas automatizadas, devido à sua simplicidade, versatilidade e utilidade. Não é possível encontrar uma linha de produção sem um PLC que a controle[4].

Atualmente, existem muitos tipos de PLC no mercado, além de estarem disponíveis nas prateleiras do mercado em qualquer lugar.

O autómato tem várias dimensões em função do número de pontos (pontos de E/S) que podem ser ligados e controlados pelo autómato. As interfaces de entrada e saída para o dispositivo PLC podem ser discretas ou analógicas. Existem mesmo alguns módulos de entrada especiais para aceitar a ligação de entradas e saídas especiais (contador de alta velocidade, etc.).

O PLC funciona de acordo com um programa para controlar os estados das suas diferentes saídas de acordo com os estados das suas diferentes entradas. O programa é feito pelo programador e é extremamente fácil modificar este programa de funcionamento em qualquer altura para se deparar com quaisquer alterações nas condições de campo[4].

2.5.2 Microcontrolador

Em alternativa, um microcontrolador pode ser definido como "um pequeno computador num único circuito" que possui um núcleo de processador, memória e periféricos de entrada/saída. O microcontrolador é um "sistema de circuito único" bastante pequeno que pode ser utilizado em dispositivos que são controlados automaticamente, em dispositivos disponíveis em escritórios, dispositivos médicos, brinquedos e controlos remotos[10].

2.5.3 Microprocessador

A definição de microprocessador é a seguinte: uma "unidade central de processamento" incorporada que recebe essencialmente dados de um dispositivo de entrada para serem processados e geridos. Em seguida, os dados são guardados na memória e depois apresentados numa saída.

É um "dispositivo programável polivalente" que pode funcionar tanto em alguns circuitos integrados como num circuito simples. Um microprocessador funciona basicamente com símbolos e números que "estão na linguagem binária".

2.5.4 FPGA

FPGA significa "field programmable gated array". Os engenheiros concebem este circuito integrado para que o cliente o possa conceber mais tarde. Para o efeito, é necessária uma determinada "linguagem de descrição de hardware".

PLC vs FPGA vs Microcontrolador vs Microprocessador

Podemos dizer que a comparação entre os PLC, as FPGA, os microcontroladores e os microprocessadores é feita da seguinte forma. Começando pelo microprocessador, que é uma unidade de processamento central integrada múltipla que pode processar, guardar e visualizar dados através da saída, pelo que pode ser designado por "dispositivo polivalente". Em alternativa, o microcontrolador é um pequeno dispositivo de circuito único que contém memória, núcleo de processador e uma unidade de saída. Por isso, as pessoas utilizam-no para um único fim e em aplicações não muito grandes. Por exemplo, no caso da FPGA e do PLC: a FPGA é uma matriz programável que pode ser configurada após o fabrico, ao passo que o PLC é um computador digital de entradas e saídas múltiplas utilizado para controlar linhas de máquinas de fábricas e aplicações pesadas[10].

Porque é que os PLC são utilizados com mais frequência nas indústrias do que as soluções baseadas em microcontroladores?

"Um PLC é um microcontrolador numa caixa com outros periféricos verificados e confirmados em caixas que se ligam a ele"

Utilizadores

Os utilizadores são uma das principais razões para a utilização dos PLC. Os engenheiros que utilizam os autómatos dependem da utilização de pacotes de software normalizados, pelo que as dificuldades que poderiam encontrar eram já resolvidas pela presença de determinado hardware, como os PID e os problemas de IO. Além disso, a alteração do código do dispositivo pode ser efectuada sem ter de recorrer ao engenheiro que criou o sistema. Por conseguinte, os engenheiros podem construir os seus próprios dispositivos específicos em vez de comprarem um novo. Consequentemente, qualquer pessoa pode lidar com os autómatos. Pode ser necessária uma semana de formação para conhecer as instruções de utilização dos autómatos e, depois disso, utilizá-los eficazmente[3].

Custo

A utilização do PLC é bastante barata. Mas o que pode tornar a sua utilização não tão barata é a manutenção do sistema ou a substituição das suas peças. No entanto, isto é muito mais barato do que contratar um engenheiro para trabalhar num dispositivo ou mesmo para o reparar.

Funcionamento

O resultado é certo e garantido, uma vez que se baseia nos "parâmetros de entrada conhecidos", porque o utilizador dos PLCs distingue o tempo que cada etapa demora. No entanto, se o utilizador tentasse a "programação pura por microcontrolador", poderia ter preocupações e hesitações em relação à forma como o processo de mudança pode ter um efeito sobre toda a função do programa. Com os PLCs, as máquinas já estão programadas e sob controlo sem a interposição de humanos. Estas máquinas podem lidar sem esforço com a resolução de problemas. Os seus próprios programas e modificações <u>também</u> podem ser escritos sem a interposição de humanos. Além disso, o ambiente de depuração é moderadamente melhor "do que o que normalmente se consegue com os micros incorporados". Os autómatos também podem garantir a segurança em vez de dependerem de vigilantes.

Fiabilidade

Os autómatos são fiáveis em todas as condições, mesmo que estejam a ser utilizados outros tipos de adversidades. Os autómatos são capazes de lidar com um erro ou de gerir qualquer erro na saída. "Embora seja possível programar muitos tipos de microcontroladores para oferecer essa robustez, mesmo na presença de avarias que possam inverter um ou mais bits de registo durante o funcionamento, o esforço necessário para escrever e validar esse software seria enorme em relação à complexidade do que o software realmente faz". Os autómatos são mais fáceis de utilizar exatamente por terem as caraterísticas de segurança que lhes são inerentes.

2.5.5 Estrutura do PLC

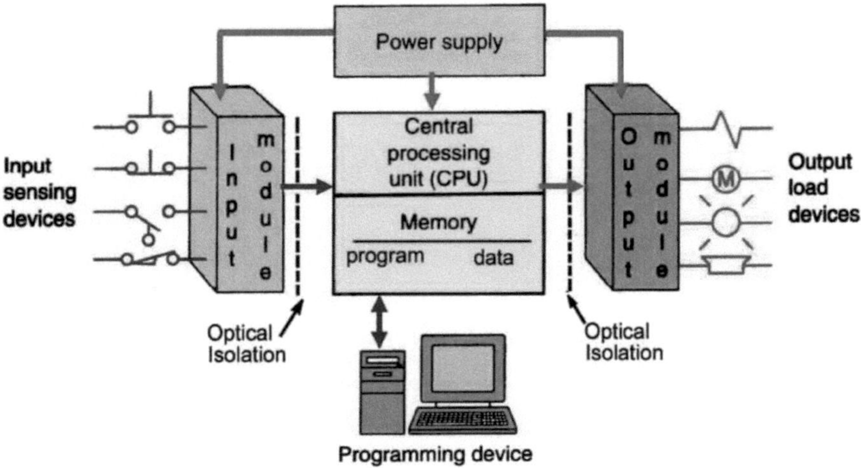

Fig. (13). Dispositivo de programação

Estão disponíveis muitas linguagens de programação e qualquer uma delas pode ser utilizada para criar ou editar o programa em qualquer altura.

Algumas das linguagens de programação PLC mais famosas são:

- Diagrama Ladder (LD) - descreve claramente um processo com degraus de lógica, semelhante aos esquemas lógicos de escada de relés que foram substituídos pelos PLCs.

• Gráficos de funções sequenciais (SFC) - fluxograma de etapas (uma ou mais acções) e transições (condições definidas) antes de passar à etapa seguinte.

• Linguagem booleana (BL) - utilização de instruções booleanas para criar um programa muito próximo e relacionado com as portas lógicas tradicionais (AND, Or, XOR,...etc.).

Tencionamos utilizar o Diagrama Ladder para criar o programa para o nosso projeto, uma vez que é mais fácil, simples e amplamente difundido no mercado.

Capítulo 6

2.6 SCADA

SCADA é um acrónimo formado a partir das primeiras letras do termo:

"Supervisão, controlo e aquisição de dados"

O SCADA é a tecnologia que permite ao utilizador recolher dados sobre o processo e o equipamento (DAQ), monitorizar *e gerir o processo em uma ou mais instalações geograficamente dispersas (RTU) e enviar instruções de controlo limitadas a essas instalações a partir de uma localização central (MTU).*

O hardware do sistema SCADA é constituído pelas seguintes partes principais:

- *Instrumentação de campo*
- *Estações remotas*
- *Rede de comunicação*
- *Estação central de monitorização*

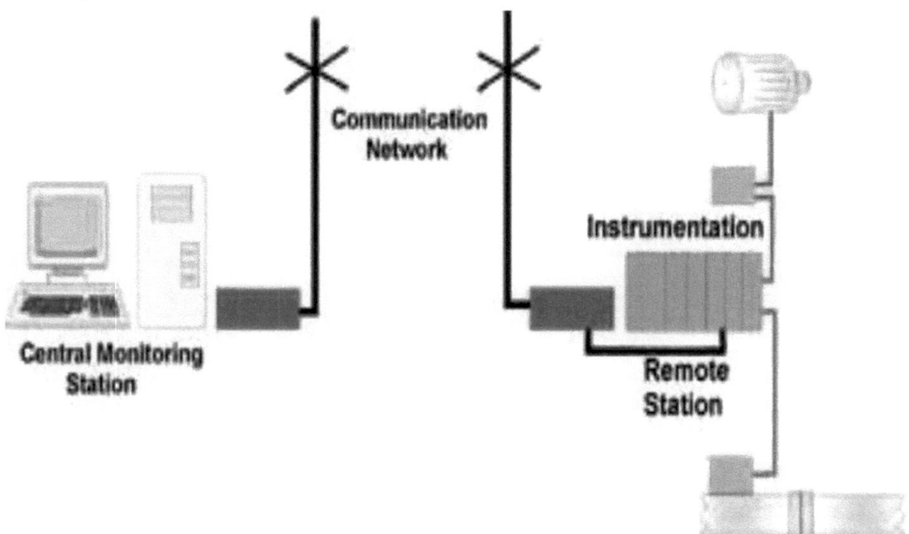

Fig. (14). Sistema SCADA

2.6.1 Exemplos de aplicações SCADA:

• *Instalações de produção de petróleo ou gás - bem como sistemas de recolha, equipamento de medição de fluidos, bombas e poços*

- *As condutas de gás, petróleo, produtos químicos ou água têm elementos localizados a distâncias imprevisíveis de um ponto de controlo central e podem ser controladas através da abertura e fecho de válvulas ou do arranque e paragem de bombas*

- *Os sistemas de transmissão eléctrica podem cobrir milhares de quilómetros quadrados, podem ser controlados e geridos através da abertura e fecho de interruptores.*

O maior objetivo da implementação do sistema SCADA no nosso projeto é proporcionar uma facilidade de monitorização e controlo remoto do sistema de seguimento do sol a partir de uma sala de controlo localizada à distância, esta distância pode ser num local distante ou o sistema de seguimento está localizado num local onde o tempo é mau ou a situação e as circunstâncias não são adequadas para um operador permanecer.

Basta escolher a técnica de comunicação adequada a aplicar em função da distância, da localização, do custo e da regulamentação para cada tipo e meio de comunicação.

Capítulo 7

2.7 Sensores

Os sensores são dispositivos utilizados para detetar e medir variáveis controladas e manipuladas em processos industriais e não industriais. Os sensores estão disponíveis em todo o lado e são amplamente utilizados em todas as áreas em grande escala.

Os sensores têm tamanhos diferentes e aplicações ilimitadas que podem ser implementadas em todos os processos que nos rodeiam, desde o funcionamento de um automóvel normal até ao funcionamento de reactores nucleares.

No SCADA, os sensores são uma parte muito importante e estão ligados aos módulos de entrada/saída das UTRs. Os sensores medem as variáveis do processo e enviam um sinal elétrico que representa o valor medido para o módulo de entrada da UTR e também o módulo de saída envia um sinal de saída para a instrumentação de campo para controlar alguns dispositivos de campo (motor, válvula, ... etc.) a fim de controlar o funcionamento do processo.

Existem vários princípios e/ou técnicas para a operação de sensores e representação de sinais.

Os sensores discretos detectam os estados do processo (porta aberta / fechada) e representam a medição neste caso com apenas 1 bit (1 / 0) para indicar os estados do processo. Também na fase de controlo envia apenas 1 bit para controlar o funcionamento de um dispositivo de campo (Abrir / Fechar, Ligar / Desligar).

Para os sensores analógicos, a entrada de um sensor é a variável medida no campo (pressão, temperatura, nível, fluxo, ... etc.), enquanto a saída do sensor é um sinal elétrico normalizado que representa o valor medido do processo. Normalmente, os sensores analógicos electrónicos têm determinadas saídas normalizadas, tais como 4 - 20 mA ou 1 -5 volts. Estes sinais eléctricos serão transmitidos do instrumento de campo e entregues ao módulo de entrada da UTR em caso de leitura e os sinais semelhantes são transmitidos do módulo de saída da UTR para os elementos de controlo de campo para controlar o funcionamento do processo de acordo com o programa da UTR e, neste caso, pode controlar a velocidade de um motor ou a percentagem de abertura de uma válvula ou qualquer outro controlo que necessite de um controlo preciso e ajustável.

Os sensores recentes são designados por sensores/transmissores inteligentes e digitais, são sensores que implementam uma conceção baseada em microprocessadores. Os transmissores inteligentes são amplamente utilizados atualmente porque têm uma sensibilidade melhorada e uma maior precisão do que os sensores tradicionais que utilizam sinais analógicos. Os transmissores inteligentes, devido à presença de um microprocessador nos seus componentes, têm um sinal de saída digital e um protocolo de comunicação normalizado para trocar informações com o CPU da UTR. Muitas informações são trocadas entre os transmissores inteligentes e a CPU da UTR, como o diagnóstico do transmissor, a configuração do transmissor e, claro, o valor de medição do processo.

Medição da potência de saída dos painéis solares:

Um painel solar fotovoltaico gera energia eléctrica de corrente contínua quando está em contacto com a luz solar.

A energia gerada por um painel solar à luz do sol depende da resistência da carga eléctrica ligada aos seus terminais. Existe uma relação entre corrente, tensão e resistência que é designada por lei de Ohm. A corrente que flui através de qualquer resistência é igual à tensão aplicada dividida pela resistência.

Ohm's Low: "Corrente = Tensão / Resistência"

O método normal de medir a potência de saída de um painel solar consiste em ligar resistências de vários valores ao painel e medir a tensão em cada momento. As medições registadas da tensão podem ser utilizadas para calcular a potência de saída. As mesmas medições exactas podem também ser utilizadas para traçar a potência de saída e criar um gráfico de desempenho para qualquer painel.

Para aplicar este método, é necessário um multímetro digital ajustado para medir a tensão CC. Também são necessários diferentes valores de resistências de potência. Na prática, cada resistência de potência é ligada aos terminais do painel de cada vez e a tensão através deles é medida com o multímetro de cada vez. Os valores medidos são registados e a corrente é calculada a partir do valor baixo de Ohm com base no valor da resistência e da tensão. Além disso, o valor da potência pode ser calculado a partir destes resultados de cada vez.

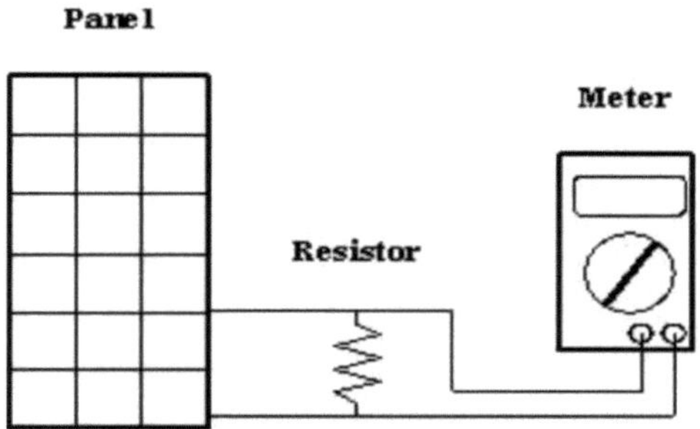

Fig. 15 Método de medição da potência dos painéis solares

O medidor é também utilizado para medir a tensão de circuito aberto sem qualquer carga ligada entre os terminais e a corrente de curto-circuito quando os terminais estão ligados entre si na ausência de qualquer carga.

Segue-se uma tabela de dados de um conjunto de medições efectuadas em 3 grandes painéis solares ligados em série. Neste exemplo, foram utilizadas diferentes resistências de potência de 100, 50, 25 e 3 ohms. O fluxo de corrente através de cada resistência é calculado matematicamente, dividindo a tensão medida pela resistência aplicada. A potência eléctrica é também calculada multiplicando a tensão medida pela corrente calculada.

Resistance	Voltage	Current	Power
Open Circuit	61.8	0.00	0.0
100.0	57.5	0.58	33.1
50.0	54.0	1.08	58.3
25.0	45.0	1.80	81.0
3.0	6.6	2.15	15.5
Short Circuit	0.0	2.20	0.0

Tabela (2) Valores medidos e calculados para os painéis solares

Uma visão mais representativa dos dados pode ser obtida traçando um gráfico da tensão medida versus a corrente calculada.

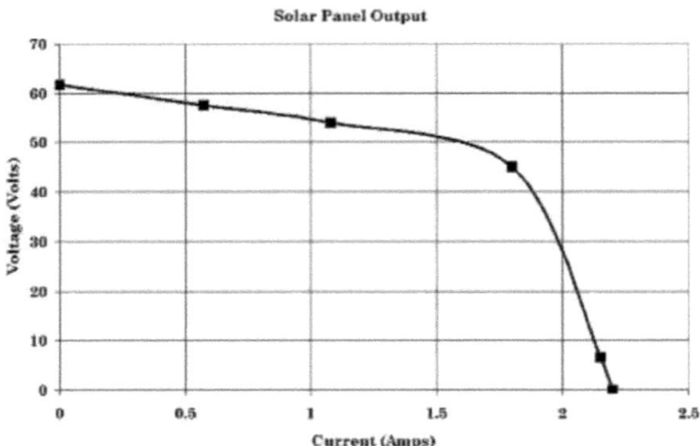

Fig. 16 Curva de potência de um painel solar

A curva de saída deste painel solar mostra um comportamento padrão que é comum a todos os painéis solares, independentemente do seu tipo e fabrico. A potência máxima resultante é gerada no ponto de funcionamento do painel que forma o "joelho" na curva. Na tabela de resultados acima, este ponto é de aproximadamente 81 watts. O ponto de potência máxima é onde a corrente e a tensão produzidas pelo painel são máximas. Expresso graficamente no desenho, o ponto de potência máxima está localizado onde o retângulo de maior área pode ser formado dentro da curva de resultados.

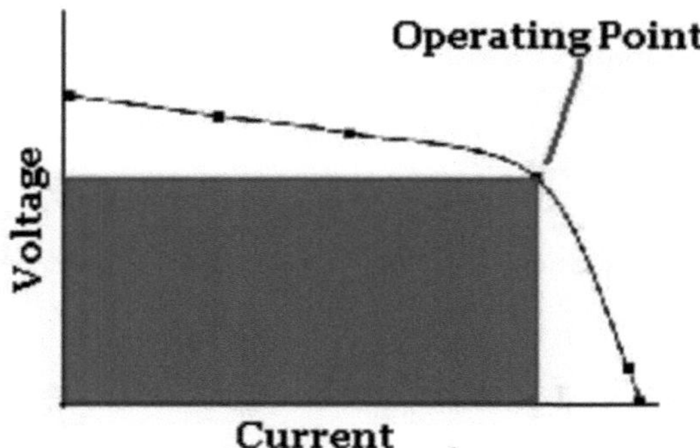

Fig. 17 Ponto de funcionamento de um painel solar

Outra forma de medir a potência proveniente do painel solar consiste em medir a corrente proveniente do painel enquanto este está ligado à bateria, tendo esta um valor de tensão constante.

O sensor de corrente DC representará a corrente medida como um sinal elétrico 4-20 mA que pode ser ligado à entrada analógica do PLC ou a outro registador de dados para o representar como sinal digital e utilizá-lo para definir o valor do fluxo de corrente.

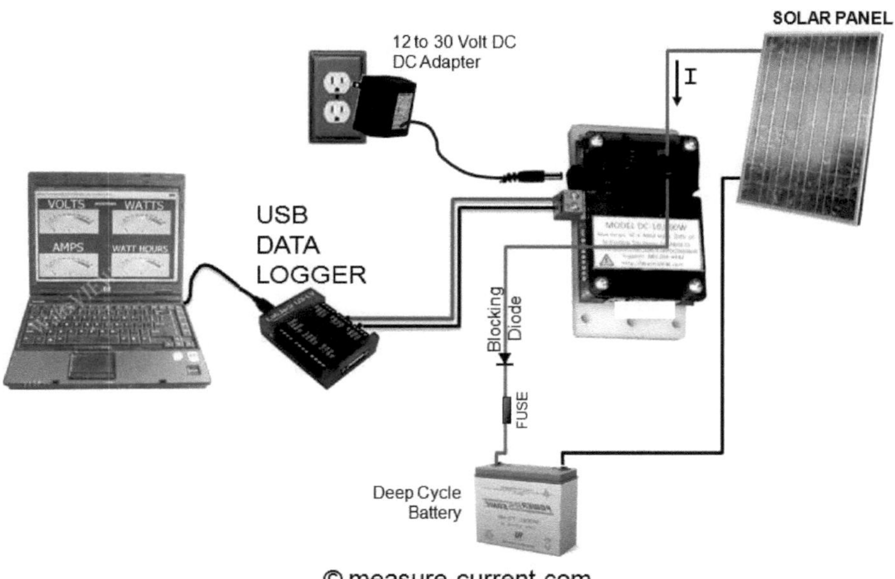

Fig. 18 Aplicação do sensor de monitorização da corrente contínua do painel solar

Capítulo 8

2.8 Motores eléctricos:

O motor elétrico é simplesmente uma máquina eléctrica que converte energia eléctrica em energia mecânica. Encontram-se normalmente em ventiladores industriais, bombas e ferramentas eléctricas. Os motores eléctricos funcionam principalmente de acordo com o seguinte conceito de base: uma interação entre as correntes do enrolamento e o campo magnético do motor elétrico. Os motores funcionam com uma fonte de corrente contínua, conhecida como (CC), que fornece energia aos motores eléctricos. E esta encontra-se no funcionamento das baterias e dos rectificadores. Por vezes, funciona com a fonte de corrente alternada, conhecida por (CA), que se encontra na rede eléctrica e/ou nos geradores.

A construção dos motores
Rotor:

O rotor é a parte móvel interna do motor elétrico. Esta parte faz girar o eixo externo para fornecer a energia mecânica a dispositivos e máquinas externos. Normalmente, existem vários condutores instalados no rotor e a sua função é transportar as correntes eléctricas durante a sua rotação. Estas correntes eléctricas transportadas são as responsáveis por interagir com o campo magnético do estator, gerando a força que move o eixo do motor.

Estator:

O estator é a parte estática do corpo do motor. O estator tem dois tipos diferentes: Ímanes permanentes ou bobinados.

Folga de ar:

O espaço de ar interno do motor existe entre o estator do motor e o rotor. Os seus efeitos no funcionamento e desempenho dos motores são muito importantes e são normalmente de tamanho relativamente pequeno.

Enrolamento:

Os fios que são colocados nas bobinas dos motores são conhecidos como os enrolamentos do motor. Encontram-se à volta de um núcleo magnético de ferro macio laminado de modo a formar pólos magnéticos quando energizados com a corrente. Estes enrolamentos do motor são alimentados por indução electromagnética.

Fig. 19 Rotor do motor elétrico (esquerda) e estator (direita)

Motores DC:

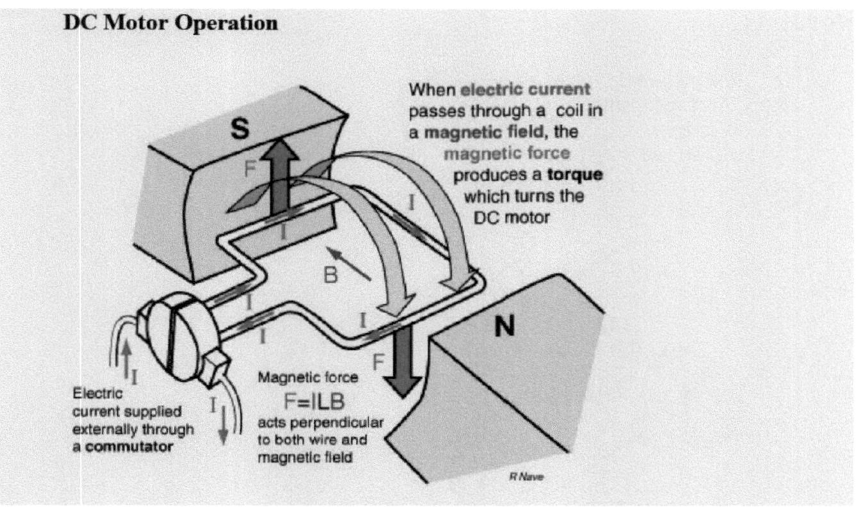

Fig. 20 Motor DC

Vantagens do motor CC

- A velocidade de desaceleração e aceleração dos motores CC é excelente.

- O design é fácil de compreender.

- Relativamente barato e simples.

- O controlo da velocidade dos motores de corrente contínua é excelente.

- A fonte de alimentação de um motor CC é ligada diretamente ao campo do motor, o que permite um controlo preciso da tensão do motor, o que é muito útil e necessário em aplicações de controlo da velocidade e do binário.

Desvantagens do motor CC

- Custos de manutenção elevados

- É extremamente importante manter a interface mecânica utilizada para levar a corrente ao campo rotativo.

- A sua manutenção inclui o comutador, que é o conjunto de segmentos de cobre e mica ligados ao enrolamento do rotor sobre o qual passam as escovas, e as próprias escovas do motor.

- Os motores CC não são adequados para ambientes muito limpos.

- É normalmente vulnerável ao pó, o que diminui o desempenho do motor.

Motores AC

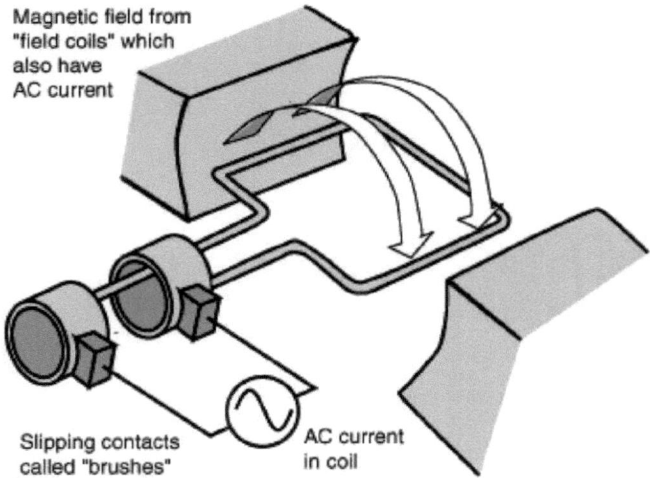

Fig. 20 Motor CA

Num motor AC, a corrente passa através da bobina do motor, o que gera uma rotação para a bobina. O motor mover-se-á suavemente apenas num caso, que é o de fornecer a frequência da onda sinusoidal, desde que a corrente esteja continuamente a mudar[x].

O motor CA mais comummente conhecido é o motor de indução. Neste tipo de motor, as bobinas rotativas do motor recebem a corrente eléctrica que é induzida internamente, mas não lhes é fornecida diretamente.

Vantagens do motor CA

- Baixo custo

- Variação da velocidade

- Fator de potência elevado

Desvantagens do motor CA

- Corrente de arranque elevada

- Baixa eficiência

Motor do nosso projeto

Pretendemos implementar um motor de corrente contínua no nosso projeto e isso deve-se às seguintes razões

- A energia CC já está disponível a partir dos painéis solares

- O sistema é mais simples para evitar a implementação de um inversor de CA

- Os motores CC fornecem um binário mais elevado do que os motores CA.

Optámos por implementar um servomotor DC no nosso modelo Grad 2 porque garante o posicionamento angular preciso do sistema, o que é muito importante para o nosso projeto.

Servo motor

O servomotor é um tipo de motor de corrente contínua. O servomotor é normalmente utilizado para controlar a posição ou a velocidade e é principalmente utilizado em válvulas de controlo e máquinas de movimento angular. Os servomotores permitem um controlo preciso e exato da posição angular, da velocidade e da aceleração do seu veio. Os servomotores não são considerados uma classe específica de motores, embora o termo servomotor seja normalmente utilizado para designar um motor utilizado num sistema de controlo de circuito fechado . Consiste num motor DC adequado ligado a um sensor de posição para feedback de posição. Os motores implementados num servomecanismo devem ter uma caraterística clara de velocidade, binário e potência.

Um sistema servomotor difere do sistema de motor passo a passo porque o feedback da posição é contínuo durante o funcionamento do motor, ao passo que o sistema passo a passo depende do ajuste do movimento do motor para não perder nenhum dos seus passos e também um sistema passo a passo inclui um interrutor de início para proporcionar estabilidade de controlo a longo prazo.

Capítulo 9

Sistema de seguimento solar fotovoltaico

O sistema aplicado é um sistema de localização do sol baseado em temporizadores, uma vez que o movimento do sol é previsível e existem registos da posição perpendicular do sol a qualquer hora do dia em qualquer local do mundo.

O projeto está a desenvolver um sistema único de monitorização e controlo para um sistema solar de seguimento do sol que permite ajustar o movimento dos painéis em qualquer momento de forma exacta e precisa.

9.1 Diagrama de blocos do projeto:

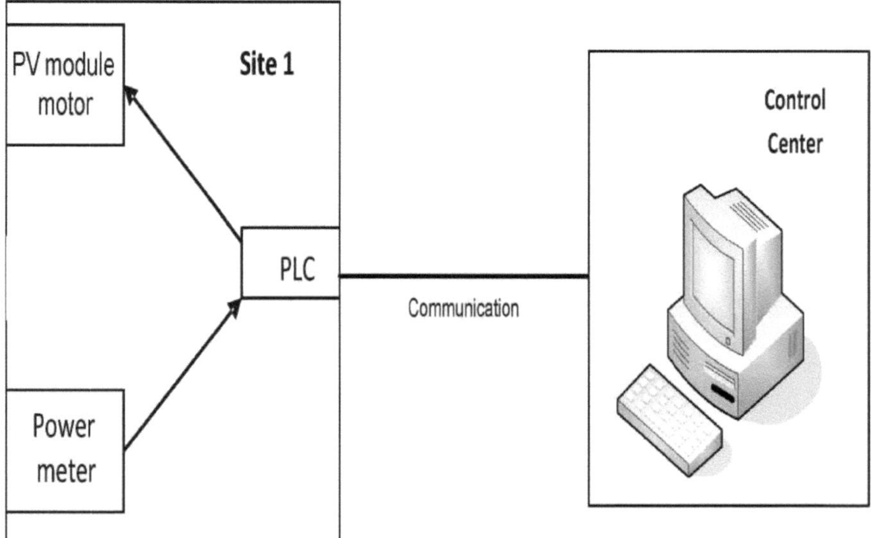

Fig. (23) Diagrama de blocos do projeto

9.2 Metodologia:

O diagrama de blocos indica um local remoto que implementa um PLC que controla o movimento do motor que altera a posição dos painéis solares para ficarem perpendiculares à luz solar durante o dia.

O programa do autómato inclui o ajuste dos temporizadores de acordo com um estudo que define a localização do sol no local específico da instalação. O estudo definirá em de cada vez o ângulo para a posição perpendicular do sol à semelhança do estudo efectuado em Susanville, Califórnia, EUA e explicado na figura abaixo.

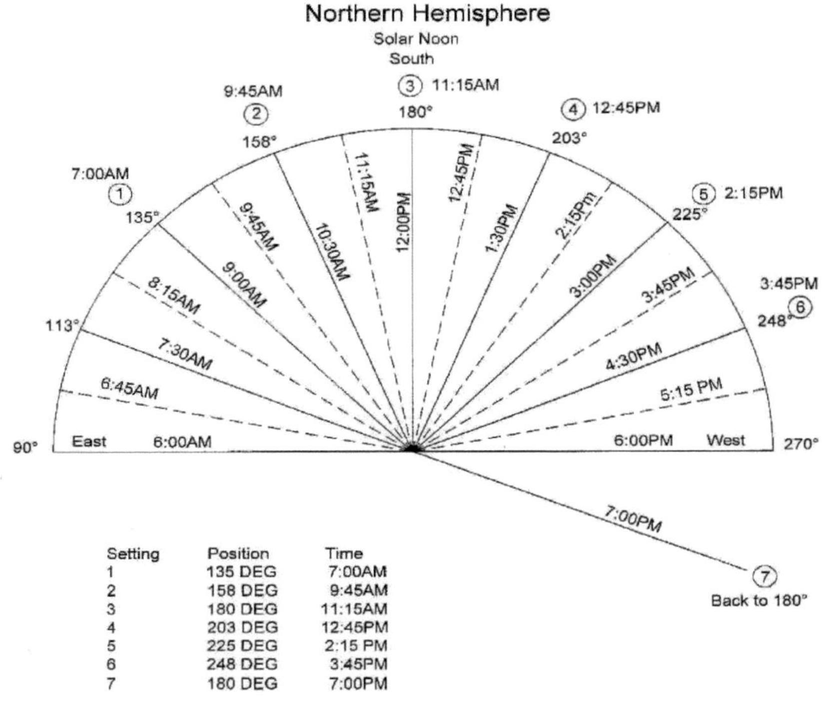

Setting	Position	Time
1	135 DEG	7:00AM
2	158 DEG	9:45AM
3	180 DEG	11:15AM
4	203 DEG	12:45PM
5	225 DEG	2:15 PM
6	248 DEG	3:45PM
7	180 DEG	7:00PM

Fig.(24) Ângulo perpendicular do Sol no hemisfério norte

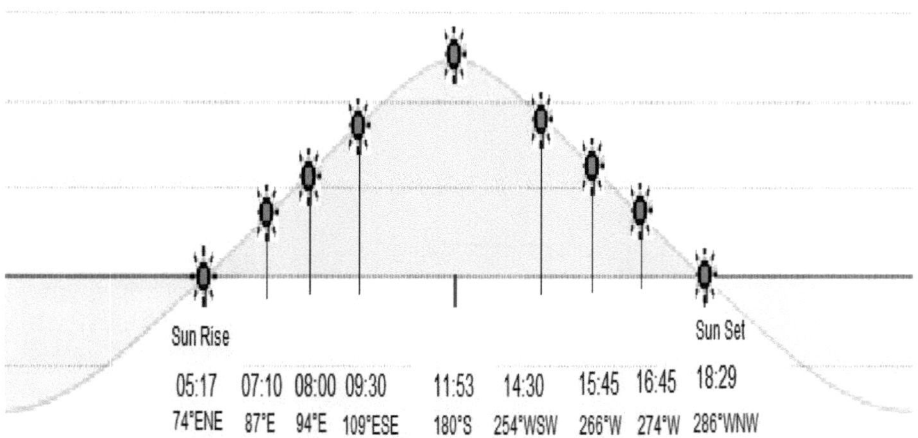

Fig.(25) Ângulo perpendicular do sol no Cairo

Um medidor de energia que mede a potência de saída gerada pelo painel solar é implementado para fornecer feedback sobre o desempenho do sistema. O objetivo do sistema de seguimento é funcionar de acordo com a potência máxima dos painéis solares e medir a potência para fornecer um sistema de feedback em circuito fechado, a fim de indicar qualquer desvio nas condições de funcionamento do sistema, é uma garantia para o funcionamento perfeito do sistema. Toda a potência medida dos painéis é registada na sala de controlo principal SCADA e pode ser apresentada sob a forma de relatórios ou tendências para uma análise fácil do desempenho do sistema.

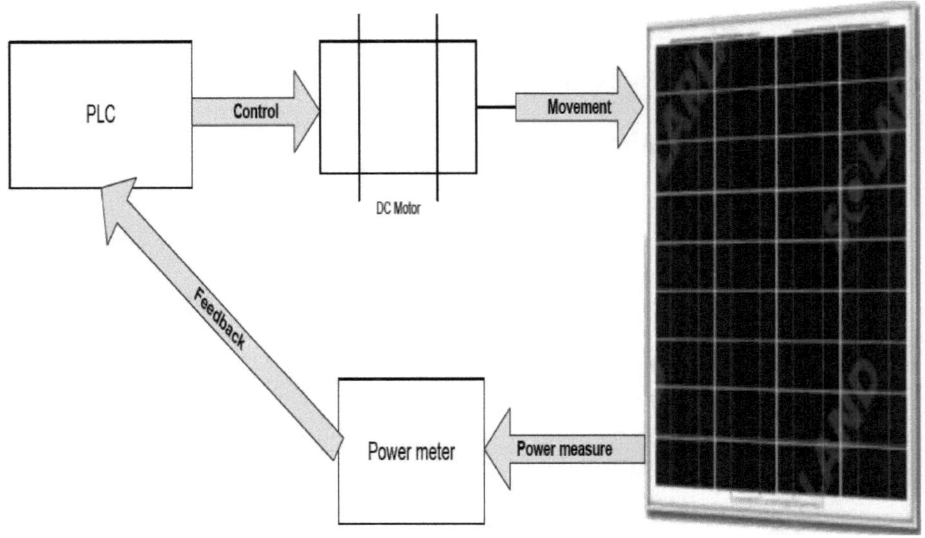

Fig. (26) Conceito de funcionamento do projeto

Será utilizada uma sala de controlo central para controlar e monitorizar o funcionamento do sistema a partir desta localização central. Foi utilizado um PC com software SCADA para simular um centro de controlo e realizar todas as operações necessárias a partir deste PC. Além disso, quaisquer alterações nos programas do PLC para modificar o valor dos temporizadores e fazer ajustes finos no sistema devido à alteração dos ângulos perpendiculares durante as semanas e os meses do ano são realizadas remotamente a partir deste centro de controlo, a fim de assegurar sempre o melhor desempenho do sistema.

Capítulo 10

Conceção do sistema

10.1Descrição do modelo de projeto:

O projeto consiste num painel solar fixo à sua base e o eixo que transporta o painel é móvel 180° em torno do seu eixo de leste para oeste e este movimento é alimentado por um motor DC sob o controlo de um PLC para ajustar a posição do painel de modo a garantir que está virado para o sol numa posição perpendicular para obter a máxima potência da luz solar durante todo o dia.

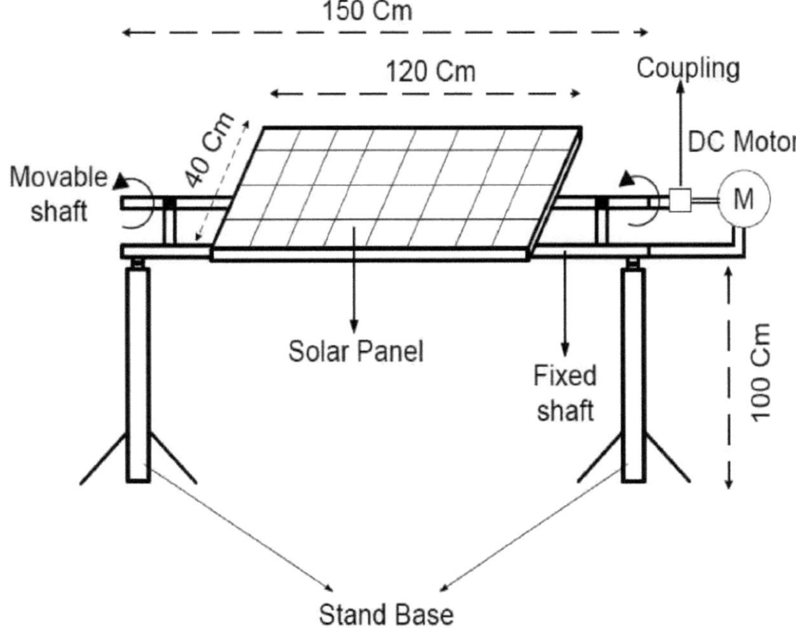

Fig.(27) Conceção do modelo de projeto

Os parâmetros e o funcionamento do PLC para o local são monitorizados e controlados remotamente por um sistema SCADA. Esta ligação remota proporcionará também a facilidade de programação remota para o PLC e, desta forma, o ajuste fino para a direção perpendicular do sol será realizado remotamente sem a necessidade de se aproximar do local.

Depender do princípio de funcionamento dos temporizadores em vez dos sensores é muito útil, uma vez que este elimina a necessidade de limpeza local contínua dos sensores devido ao ambiente arenoso e poeirento do Egito e de toda a região do Médio Oriente e do Norte de África. Além disso, elimina a imprecisão dos sensores, que por vezes aumenta devido à sua sensibilidade à luz e ao efeito das nuvens e do ambiente na eficiência dos sensores. A utilização de um medidor de energia para fornecer feedback visa garantir um feedback preciso com base em dados em tempo real provenientes da leitura real do painel solar para indicar a sua potência de saída e esta é uma caraterística muito importante para fechar o circuito de controlo e torná-lo funcional de uma forma melhor, o que dá ao operador na sala de controlo uma visão completa do desempenho do sistema e facilita os processos de análise e manutenção.

4.2 Lista de entradas e saídas do PLC

Nome do sinal	Entrada digital	Saída digital	Entrada analógica
Deslocação manual do motor para a direita	√ (P0)		
Deslocação manual do motor para a esquerda	√ (P1)		
Comando de direção direita do motor desligado		√ (P40)	
Comando da direção esquerda do motor desligado		√ (P41)	
Ampere (A)			√ (CH0)

Tabela (2) Lista de entradas e saídas do PLC

Capítulo 11

Componentes do modelo de projeto:

Fig. 28 Bateria de 12 volts

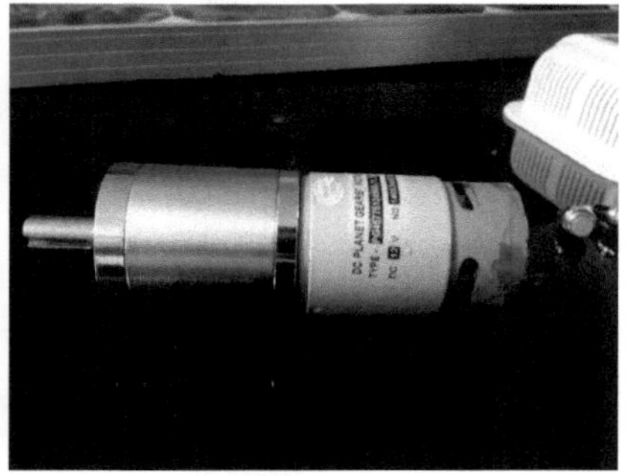

Fig. 29 Motor DC

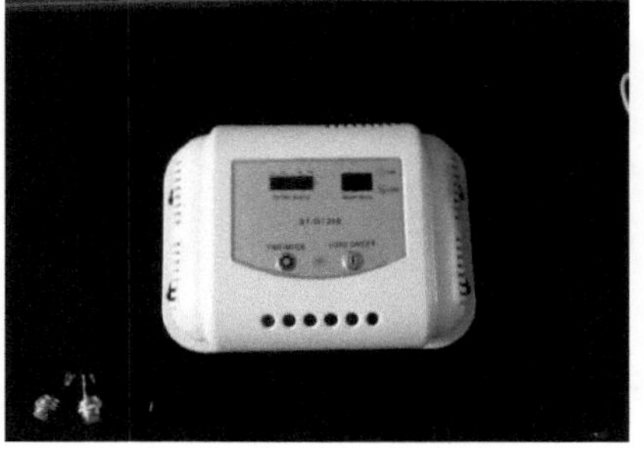

Fig. 30 Controlador de carga

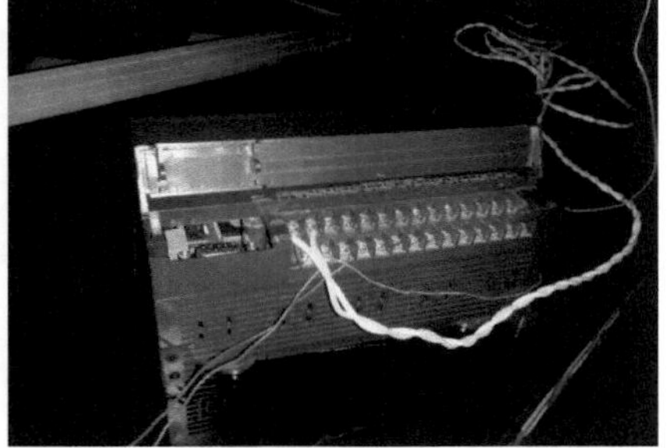

Fig. 31 PLC

Fig. 32 Painel de 75 watts

Implementação do modelo de projeto: processo:

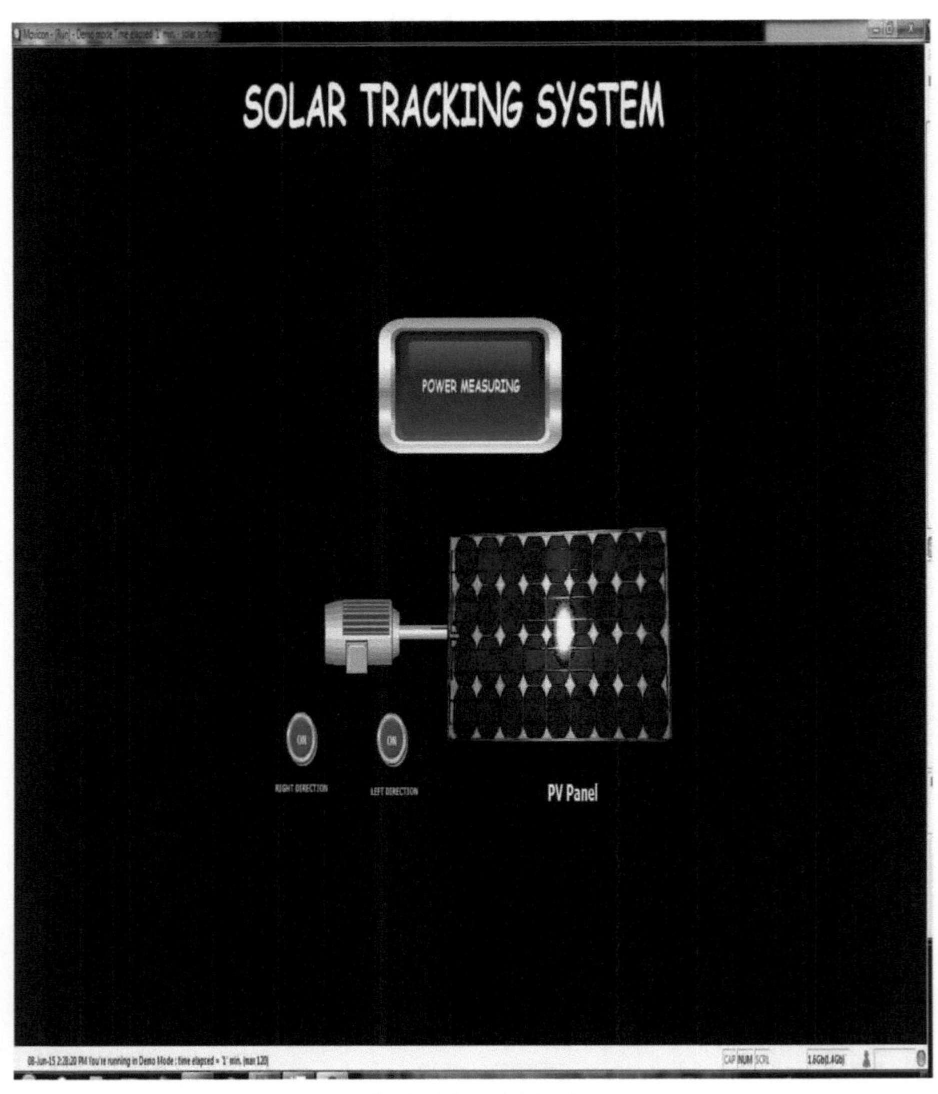

Fig. 33 Ecrã SCADA

48

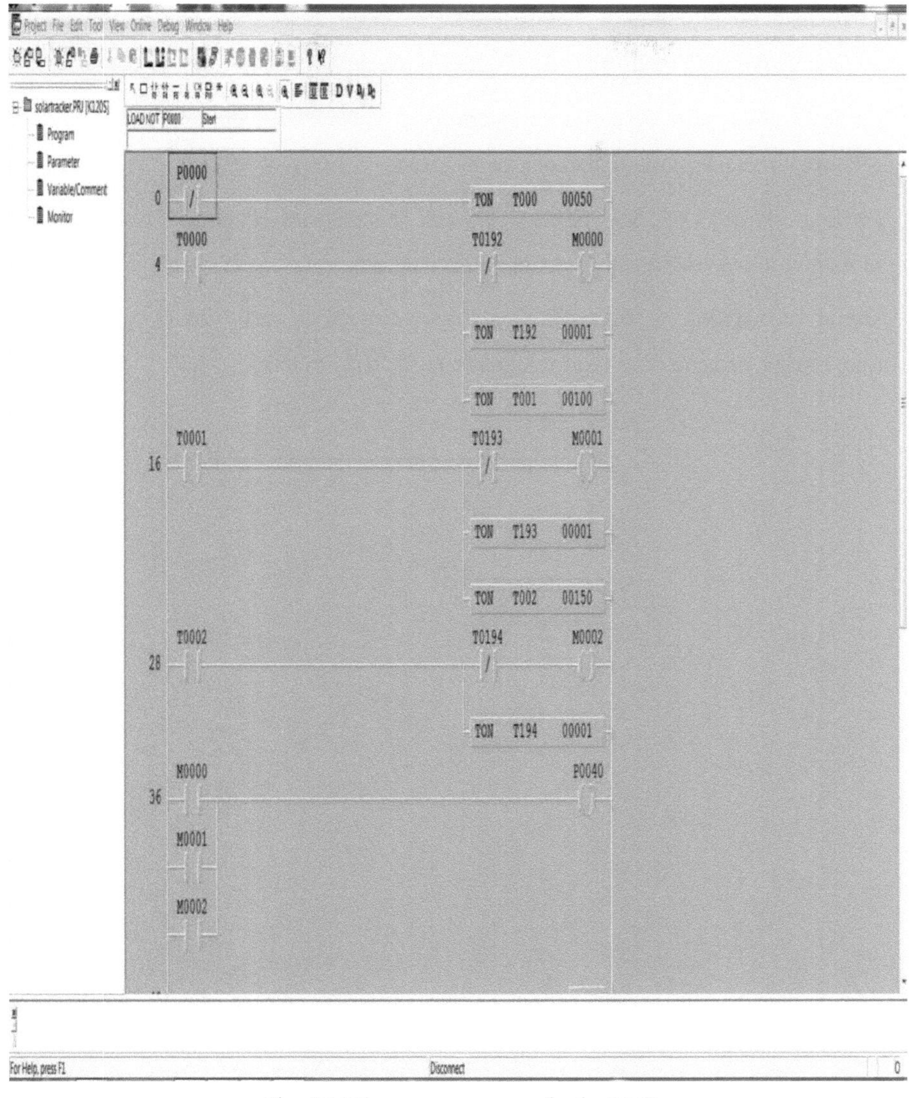

Fig. 34 Diagrama em escada do PLC

Testes:

O teste do sistema é muito importante em qualquer sistema. É feito para assegurar o funcionamento correto do sistema com base na conceção e para garantir a implementação exacta de todos os componentes do sistema.

Os principais testes que devem ser efectuados num sistema deste tipo:

1. Verificação do autómato do autómato através do PC de programação, o que garante a ausência de defeitos ou de alarmes no interior do autómato.

2. Medição da corrente de carga da bateria com um medidor de corrente. Comparar esta leitura com as leituras registadas no SCADA.

3. Verificar a posição dos painéis solares e compará-la com os ângulos de funcionamento necessários em função da hora do dia.

4. Alterar os estados de funcionamento dos motores a partir do ecrã SCADA e monitorizar a alteração do estado realmente no lado do motor.

Conclusão

Os sistemas solares são o futuro da energia no mundo, especialmente no Egito.

Os sistemas de seguimento solar aumentam a eficiência dos painéis solares e diminuem o número de painéis necessários no sistema.

Os sistemas de seguimento solar baseados em temporizadores são os melhores para serem implementados no Egito e foi desenvolvido um modelo para um sistema de seguimento por temporizadores com um sistema de feedback de circuito fechado para avaliação.

O modelo aplicado inclui a ligação do local remotamente a um centro de controlo para simular o funcionamento de um sistema de energia amplo localizado em locais remotos.

Componentes e orçamento do projeto

Ser.	Componente	Qtd.	Preço unitário	Preço total
1	SCADA SW (MOVICON)	1	Grátis	Grátis
2	LG PLC K120S - 24 I/O - 2AI	1	1500	1500
3	Cabo de interface LG PLC	1	100	100
4	Painel solar de 60W	1	220	220
5	100 A Sensor de corrente - Saída 4-20 mA	1	600	600
6	Motor DC	1	400	400
7	Relés magnéticos de 10A (SRD-24VDC-SL-C)	1	30	30
8	Blocos de terminais 4mm	20	3	60
9	Cabo elétrico 2x2mm (m)	20	2	40
10	Painel de terminais (30x20x20 cm)	1	200	200
11	MCB 10 A	1	15	15
12	Estrutura de fixação e rolamento	1	400	400
Total (L.E.)				**3565**

Quadro (3) Determinação de preços

Referências:

[1] A.boyer.stuart, Controlo de supervisão e aquisição de dados, ISA, 2004.

[2] Sabry, Ahmed, Centros de controlo, locais remotos e comunicação - SCADA, .2008,Tiba scientific Publishing.

[3] W. Bolton, Programmable Logic Controllers, 2007.

[4] L.A. Bryan & E.A. Bryan, Teoria e Implementação de Controladores Programáveis, 1997.

[5] Dunlop, John, Telecommunications Engineering, Taylor and Francis, 1994.

[6] B.P.Lathi, Modren digital and analogue communication, oxford university press USA, 2009

[7] Build Your Own Solar Tracker, Jim Eddy, www.livingonsolar.com. [Acedido em 1 Nov. 2014].

[8] Solar - Departamento de Energia, http://www.energy.gov/energysources/solar.htm . [Acedido em 19 Out. 2014]

[9] Noções básicas sobre energia solar - Laboratório Nacional de Energias Renováveis, http://www.nrel.gov/learning/re solar.html. [Acedido em 14 Out. 2014]

[10] Qual é a diferença entre?, "Qual é a diferença entre PLC, Fpga, Microcontrolador e Microprocessador", Qual é a diferença entre?, 2013. [Online]. Disponível:

http://www.whatisdifferencebetween.com/technology/what-is-the-difference-between-plc -fpga-microcontroller-and-microprocessor.html.

[11] http://www.mtmscientific.com/solarpanel.html, [Acedido em 25 Nov. 2014]

Apêndice

SLP060-12U

High Efficiency Multicrystalline PV Module

Electrical Characteristics	SLP060-12U
Product code	060011201
Maximum power (Pmax)	60W
Voltage at Pmax (Vmp)	17.2V
Current at Pmax (Imp)	3.49A
Open-circuit voltage (Voc)	21.6V
Short-circuit current (Isc)	3.86A
Temperature coefficient of Voc	-(80±10)mV/°C
Temperature coefficient of Isc	(0.065±0.015)%/ °C
Temperature coefficient of power	-(0.5±0.05)%/ °C
NOCT (Air 20°C; Sun 0.8kW/m² wind 1m/s)	47±2°C
Operating temperature	-40°C to 85°C
Maximum system voltage	1000V DC
Power tolerance	+10%/- 5%

*STC: Irradiance 1000W/m², AM1.5 spectrum, module temperature 25°C
*NOCT:Nominal operating cell temperature (the data is only for reference)

Module Diagram

Dimensions in brackets are in inches.

Un-bracketed dimensions are in millimeters.

Unit: mm[in.]

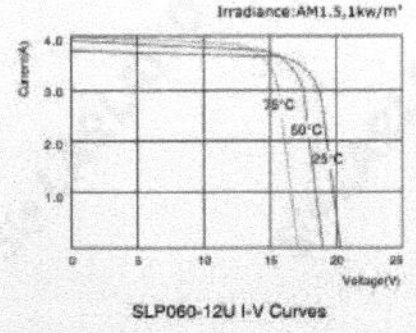

Features

- Nominal 12V DC for standard output.
- Outstanding low-light performance.
- Heavy-duty anodized frames.
- High transparent low-iron,tempered glass.
- Rugged design to withstand high wind pressure, hail and snow load.
- Aesthetic appearance.

Characteristics

Specifications	SLP060-12U
Cells	Polycrystalline silicon solar cell
No. of cells and connections	36(4X9)
Module dimension	767mm[30.20in.]x670mm[26.38in.]x30mm[1.18in.]
Weight	6.7kg[14.77lbs]
Packing information(Carton)	775mm[30.51in.]x715mm[28.15in.]x95mm[3.74in.]/(2pcs/ctn)

*Limited warranty: 5-year limited warranty of materials and workmanship; 10-year limited warranty of 90% power output; 25-year limited warranty of 80% power output. For detail, please contact us.
*Specifications are subject to change without notice at any time.

www.solarland.com info@solarland.com SOLARLAND 2010